유아자신감수학

만 **4** 세 **3** 권

10까지의 수와 숫자

머리말

놀이처럼 수학 학습

<유아 자신감 수학>은 놀이에서 학습으로 넘어가는 징검다리 역할을 충실히 하도록 기획한 교재입니다. 어린 아이들에게 가장 좋은 학습은 재미있는 놀이처럼 느끼게 공부하는 것입니다. 붙임 딱지를 손으로 직접 만져 보며 이리저리 붙이고, 보드 마커로 여러 가지 모양을 그리거나 숫자를 쓰다 보면 아이들이 수학이 재미있다는 것을 알고 자신감을 얻을 것입니다.

처음에는 함께, 나중에는 아이 스스로

아이의 첫 번째 수학 선생님은 바로 엄마, 아빠입니다. 그리고 최고의 선생님은 매번 알려주는 것보다는 스스로 할 수 있도록 방향을 제시해 주는 사람입니다. <유아 자신감 수학>은 알려 주기도 하고, 함께 해결하는 것으로 시작하지만, 나중에는 스스로 재미있게 반복할 수 있는 교재입니다.

아이의 호기심을 불러 일으키는 함 께 해 요 ♡

함 께 해 요 ♡ 가 표시된 내용은 한 번 풀고 다시 풀 때 조건을 바꾸어 새로운 문제를 내줄 수 있습니다. 풀 때마다 조금 씩 바뀌는 문제를 통해서 재미있게 반복할 수 있습니다. 잘 이해하면 다음에는 조금 어렵게, 어려워하면 조금 쉽게 바꾸어서 아이의 흥미를 유발할 수 있습니다.

언제든지 다시 붙일 수 있는 <계속 딱지>

아이들이 반복하면서 더 높은 학습 효과를 볼 수 있는 부분을 엄선하여 반영구 붙임 딱지인 <계속 딱지>를 활용하게 하였습니다. 처음에 어려워해도 반복하면서 나아지는 모습을 지켜봐 주세요.

지은이 **천종현**

유아 자신감 수학 120% 학습법

QR코드로 학습 의도 알아보기

주제가 시작하는 쪽에 QR코드가 있습니다. QR코드로 학습 의도, 목표, 여러 가지 활용 TIP 을 알아보세요.

학습 준비를 도와 주세요.

함 께 해 요 ♡ 는 난이도를 조절하며 문제를 내주는 내용입니다. 보드 마커나 <계속 딱 지>로 문제를 만들어 주세요.

한 번 공부한 후에는 보드 마커는 지우고, <계속 딱지>는 떼어서 제자리로 옮겨서, 함 께 해 요 ♡ 의 문제를 새롭게 바꾸어 주세요.

한두 번 딱지
계속 딱지

두 가지 붙임 딱지를 특징에 맞게 활용하세요.

한두번딱지 는 개념을 배우는 내용에 사용하는 붙임 딱지로 한두 번 옮겨 붙일 수 있는 소재로 되어 있습니다. 틀렸을 경우 다시 붙이는 것이 가능합니다. 떼는 것만 도와주세요.

계속딱지 는 문제를 새로 내주거나 아이가 반복 연습이 필요한 내용에 반영구적으로 사용합니다. 한 번 공부하고 다시 사용할 수 있도록 옮기거나 떼어 주세요.

시작은
엄마와 함께

보드 마커와 붙임 딱지로 재미있게 배웁니다.

이후엔
재미있게 스스로

보드 마커는 지우고, 계속 딱지는 옮긴 후 아이 스스로 공부합니다.

유아 자신감 수학 전체 단계

만 3세

구분	주제
1권	5까지의 수 알기
2권	모양의 구분
3권	5까지의 수와 숫자
4권	논리와 측정 ①

만 4세

구분	주제
1권	10까지의 수 알기
2권	평면 모양
3권	10까지의 수와 숫자
4권	논리와 측정 ②

만 5세

구분	주제
1권	20까지의 수와 숫자
2권	입체 모양과 표현
3권	연산의 기초
4권	논리와 측정 ③

10까지의 수와 숫자

이런 순서로 공부해요.

6, 7, 8 따라 쓰기

6을 따라 쓰세요.

가이드 영상

6 (육, 여섯)

1 6	6	6
6	6	6

7을 따라 쓰세요.

7

(칠, 일곱)

1 → 7	7	7
7	7	7

8을 따라 쓰세요.

8
(팔, 여덟)

수 모양 퍼즐 1

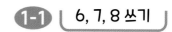

붙임 딱지를 붙여서 6, 7, 8을 만드세요. 한두번딱지

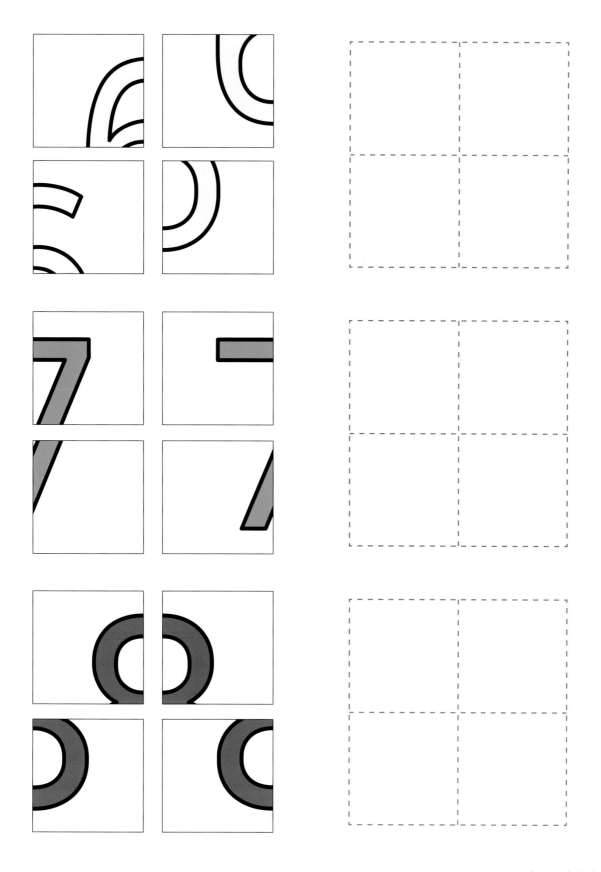

개수에 맞게 6, 7, 8 쓰기

개수를 세어 보고 알맞은 수를 쓰세요.

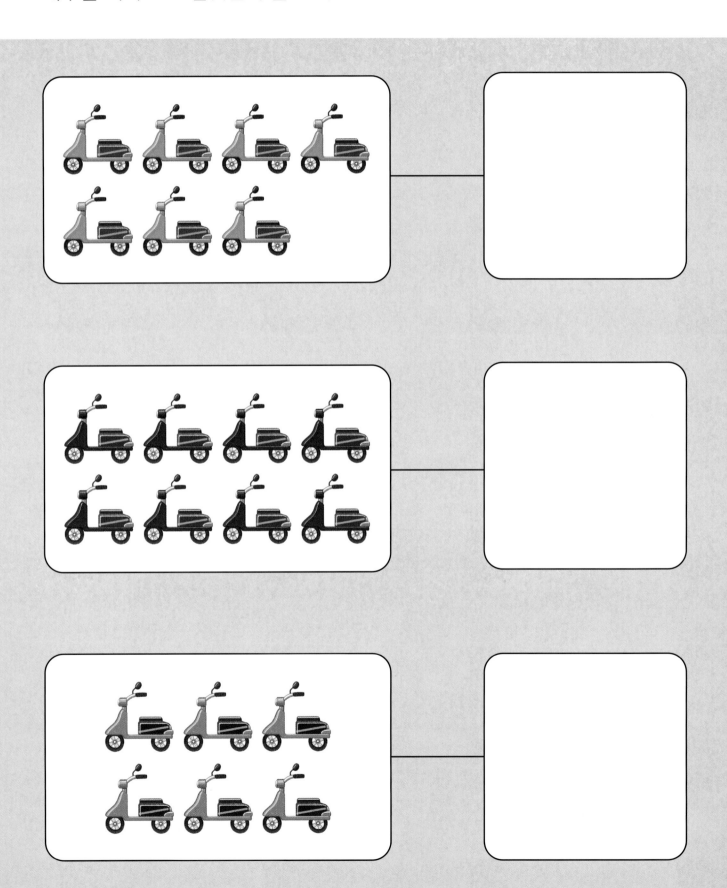

개수를 세어 보고 알맞은 수를 쓰세요.

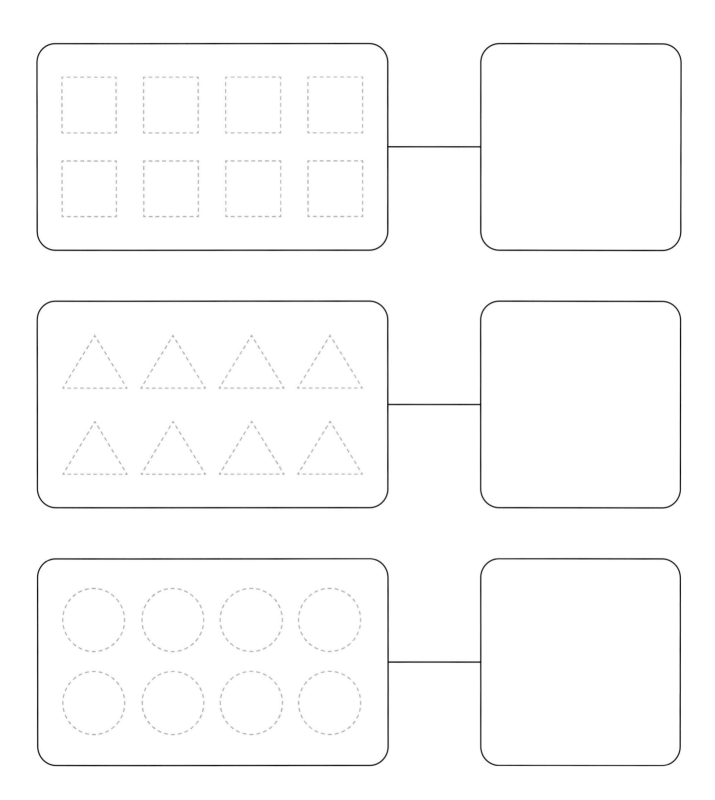

점선을 따라 6, 7, 8만큼 모양을 그려서 문제를 만들어 주세요.

9, 10 따라 쓰기

가이드 영상

9를 따라 쓰세요.

9 (구, 아홉)

10을 따라 쓰세요.

10
(십, 열)

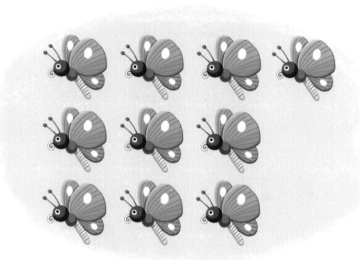

수 모양 퍼즐 2

붙임 딱지를 붙여서 9, 10을 만드세요. 한두번딱지

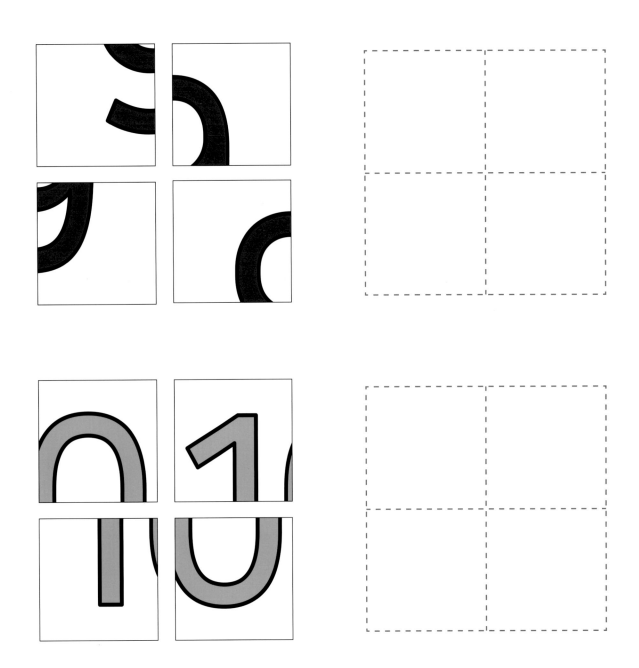

개수에 맞게 9, 10 쓰기

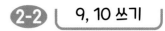

개수를 세어 보고 알맞은 수를 쓰세요.

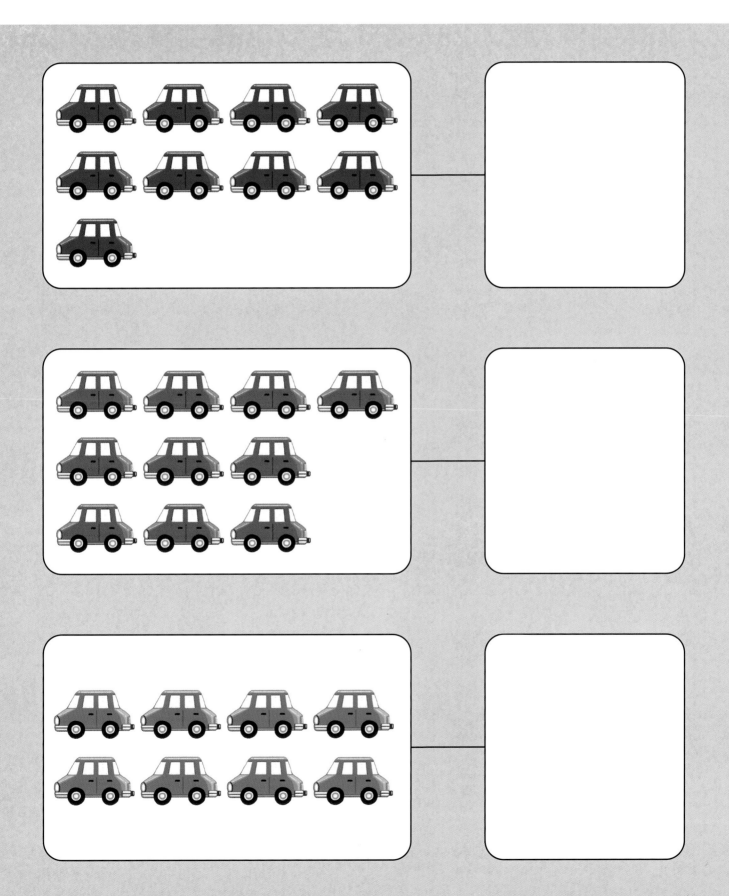

개수를 세어 보고 알맞은 수를 쓰세요.

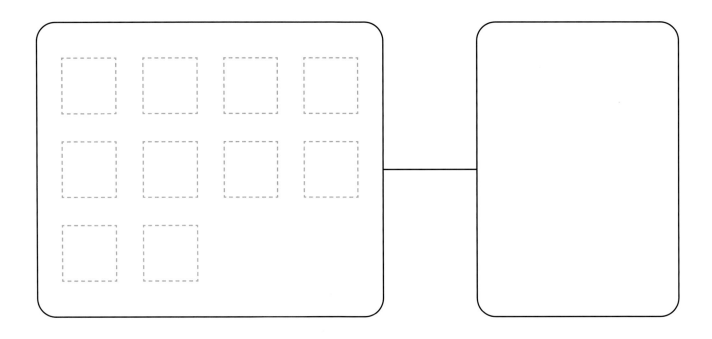

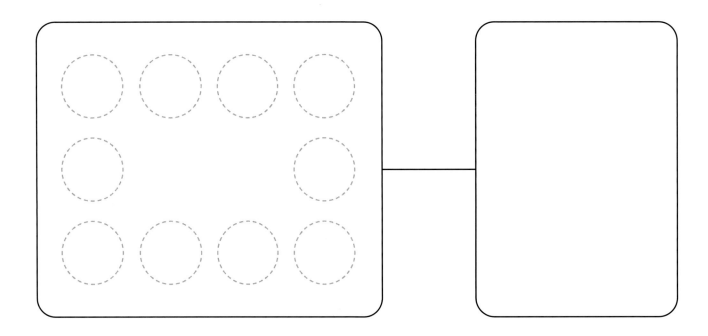

점선을 따라 9, 10만큼 모양을 그려서 문제를 만들어 주세요.

6, 7, 8, 9, 10 차례로 쓰기

6, 7, 8, 9, 10을 따라 쓰세요.

같은 수 찾기

같은 수끼리 모아서 퍼즐을 완성하세요. 한두번딱지

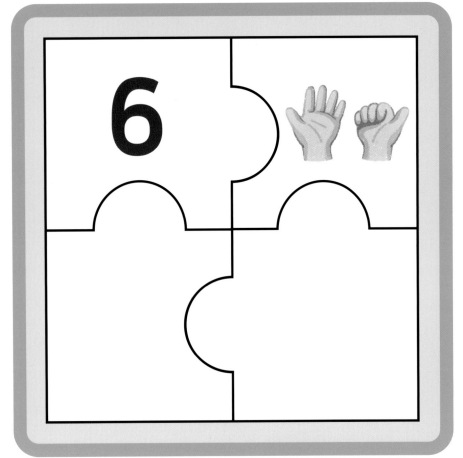

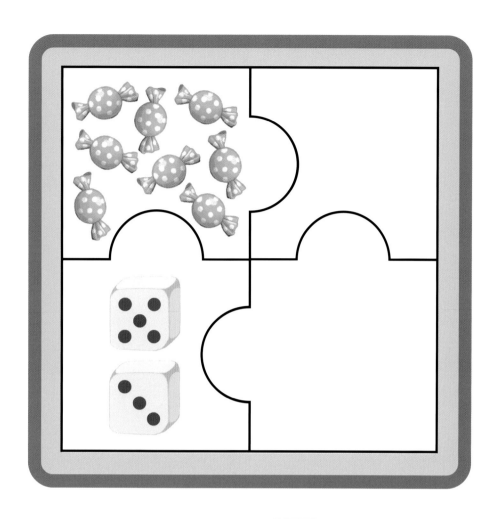

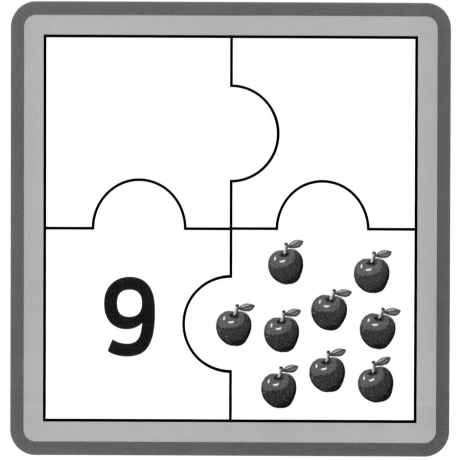

수와 다른 그림

○ 안의 수와 그림이 나타내는 수가 다른 달걀에 X 하세요.

다른 수 찾기

수가 다른 그림에 X 하세요.

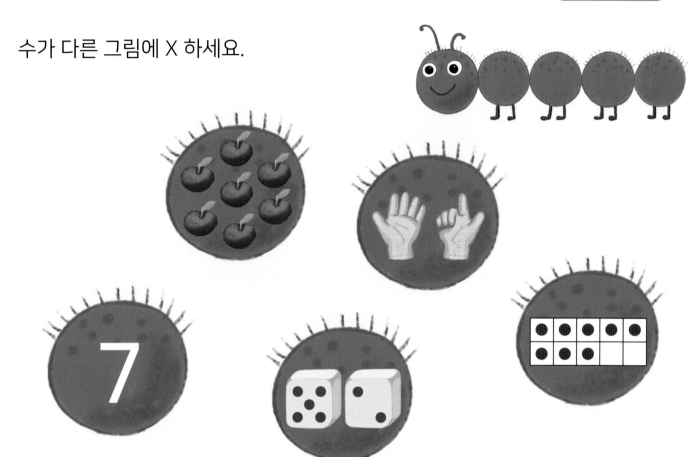

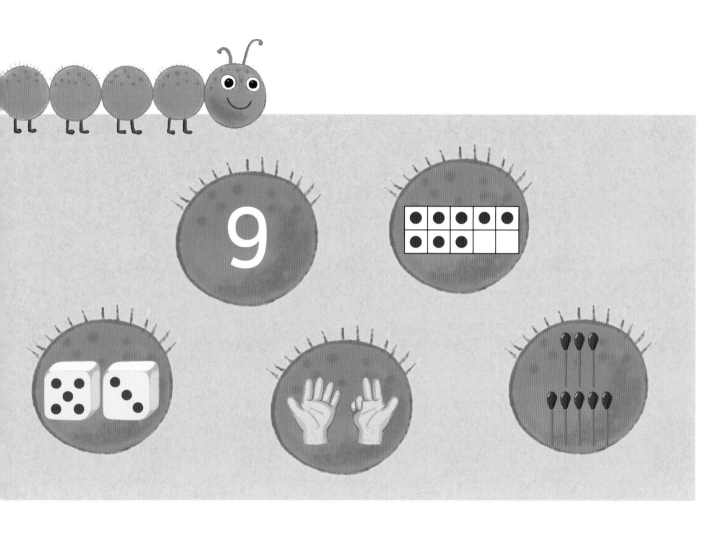

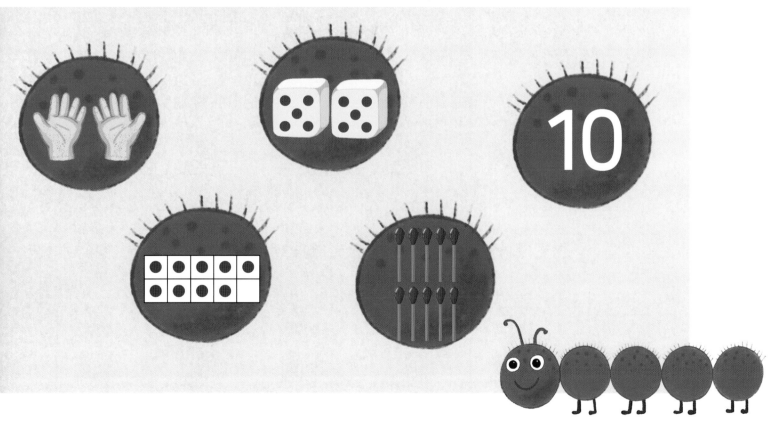

순서를 나타내는 말 "몇째"

순서를 셀 때는 첫째, 둘째, 셋째, 넷째, 다섯째, …, 아홉째, 열째로 세어요.

첫째	둘째	셋째	넷째	다섯째	여섯째	일곱째	여덟째	아홉째	열째
1	2	3	4	5	6	7	8	9	10

첫째부터 차례대로 세어 보고 ○ 한 그림의 순서를 □ 안에 써넣으세요.

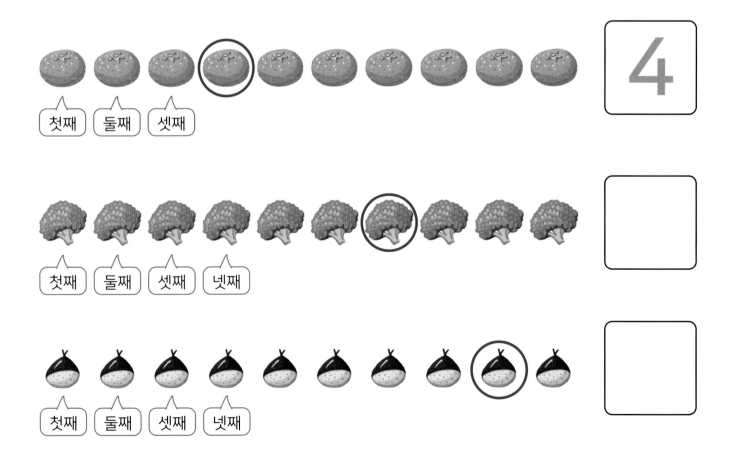

첫째, 둘째, 셋째, …로 세어 보고 1, 2, 3, …으로 써 보면서 비교하게 해 주세요.

첫째부터 차례대로 세어 보고 파란색 구슬의 순서를 □ 안에 써넣으세요.

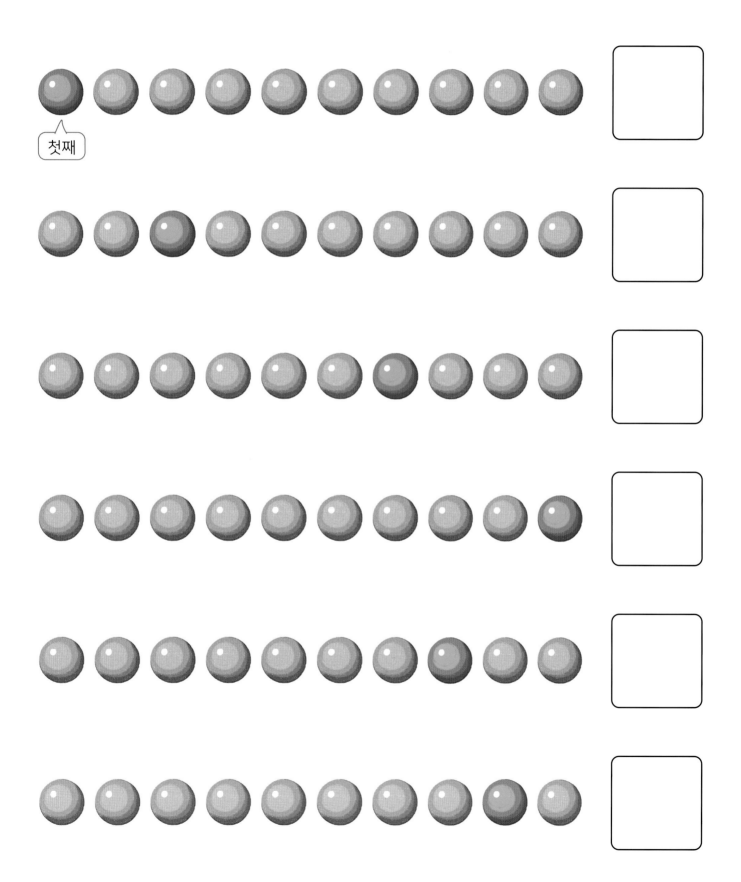

첫째

첫째부터 차례대로 세어 보고 먹은 과일의 순서를 □ 안에 써넣으세요. 계속딱지

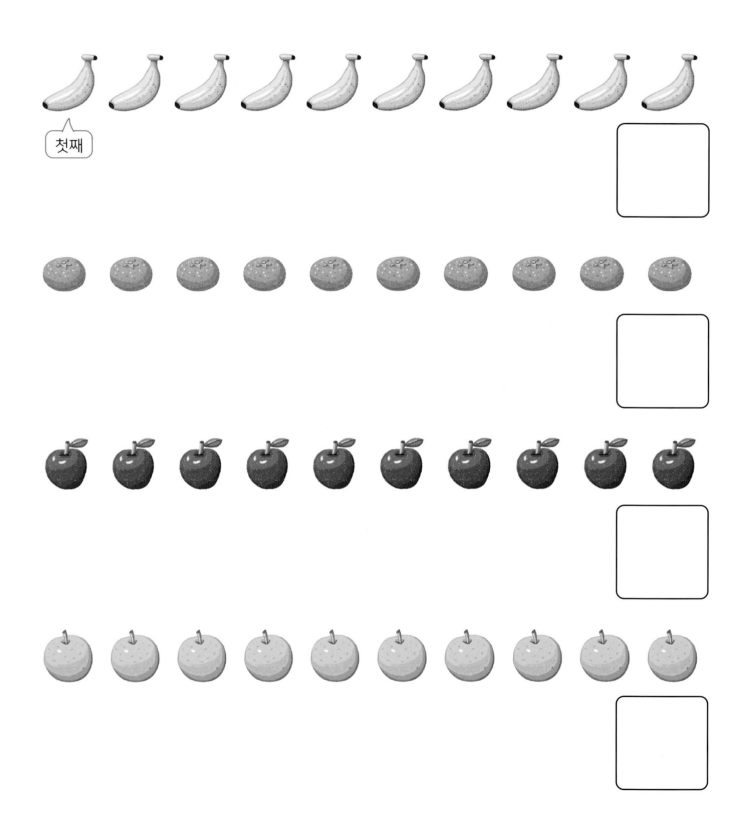

첫째

과일 위에 먹은 과일 붙임 딱지를 덧붙여서 문제를 만들어 주세요.

순서대로 맞추기

순서에 맞게 그림 붙임 딱지를 붙이세요. 한두번딱지

동물들이 달리기를 해요. 앞에 있는 순서대로 동물과 수를 선으로 이으세요.

수만큼 붙이기

수만큼 동물이 있어요. 동물 붙임 딱지를 알맞게 붙이세요. 한두번딱지

가이드 영상

한두번딱지

수만큼 색칠하기

□ 안의 수만큼 ○를 알맞게 색칠하세요.

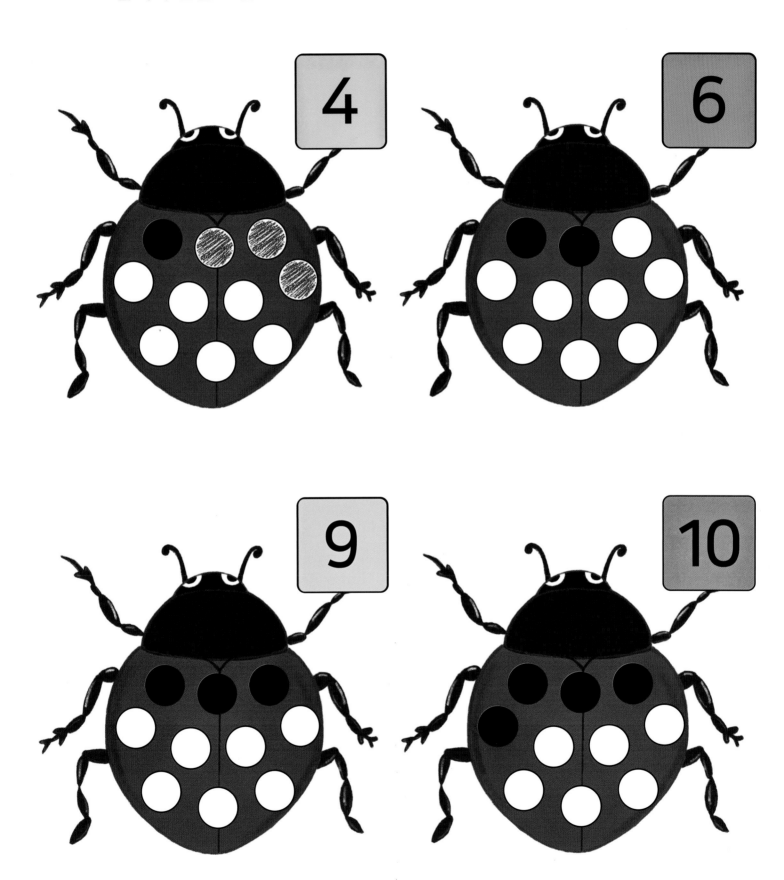

□ 안에 수를 써넣어 문제를 만들어 주세요.

수만큼 남기기

사과에 X 해서 ○ 안의 수만큼 남기세요.

○ 안에 수를 써넣어 문제를 만들어 주세요.

모으기와 가르기

달걀판에 두 가지 달걀 붙임 딱지를 모두 붙이고 □ 안에 알맞은 수를 써넣으세요. 한두번딱지

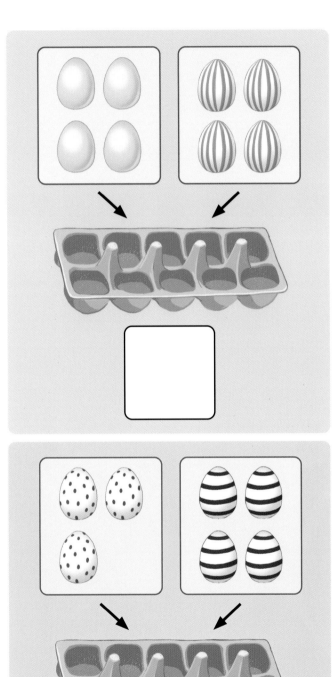

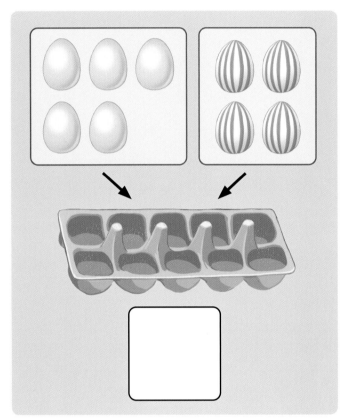

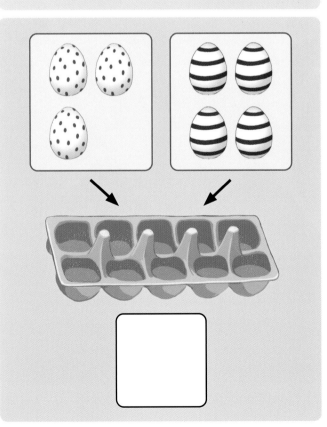

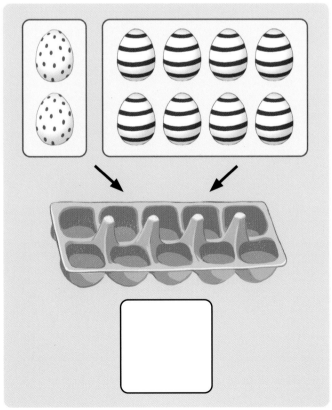

빵을 두 접시에 나누어 담았어요. 빈 접시에 빵 붙임 딱지를 붙이고 □ 안에
알맞은 수를 써넣으세요. 한두번딱지

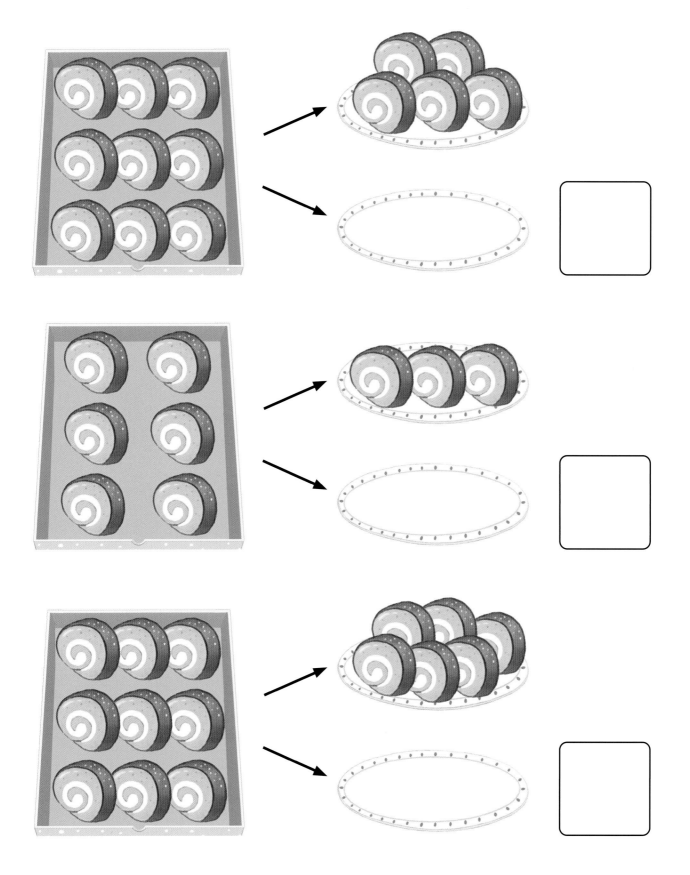

블록 모으기

블록을 모두 세어 보고 □ 안에 블록의 수를 써넣으세요.

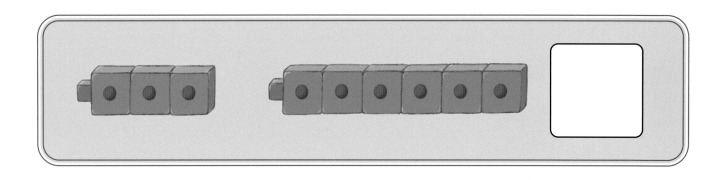

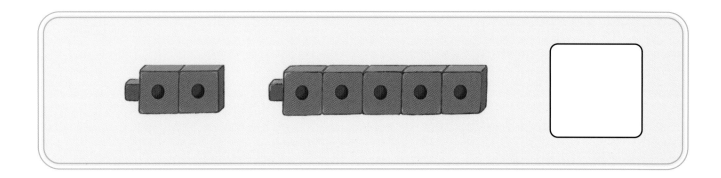

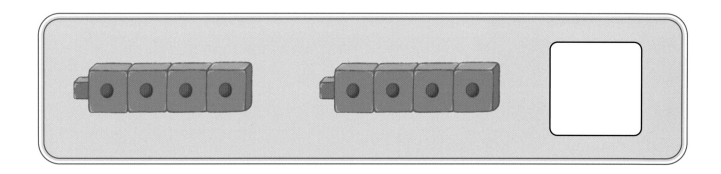

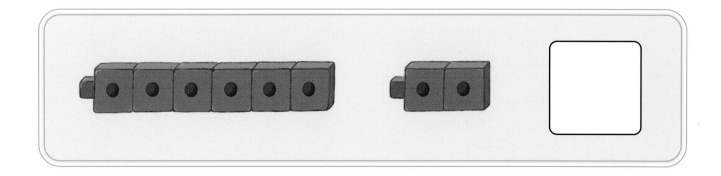

□ 안에 블록의 수를 써넣으세요. 계속딱지

블록 붙임 딱지 2개를 붙여서 문제를 만들어 주세요.

보석 나누기

줄에 선을 그려서 보석을 둘로 나누었어요. □ 안에 알맞은 수를 써넣으세요.

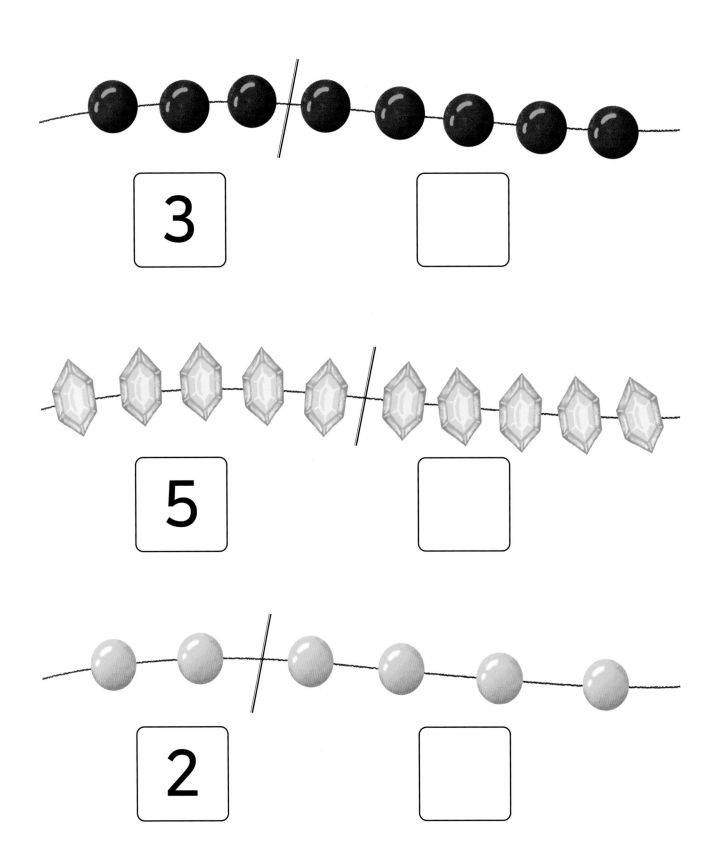

줄에 선을 그려서 보석을 둘로 나누었어요. □ 안에 알맞은 수를 써넣으세요.

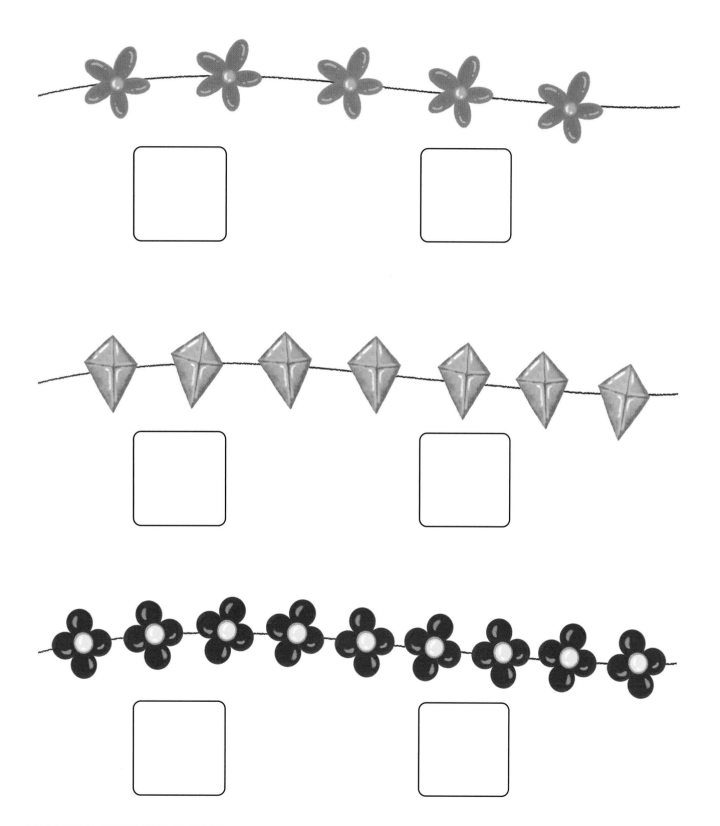

선을 그려서 문제를 만들어 주세요.

펼친 손가락 수 1

가이드 영상

펼친 손가락 수를 세고 □ 안에 알맞은 수를 써넣으세요.

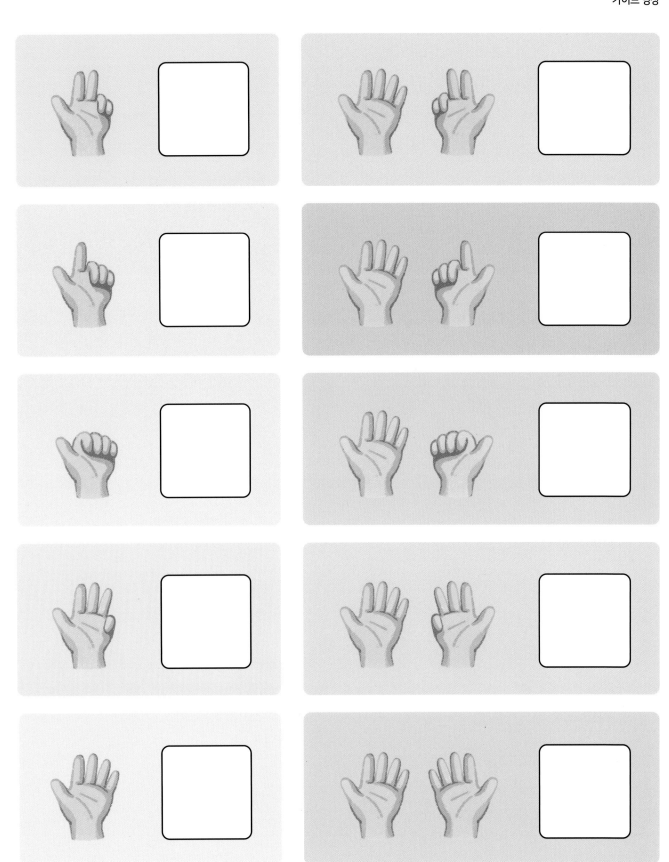

순서에 맞게 손가락 붙임 딱지를 붙이세요. 한두번딱지

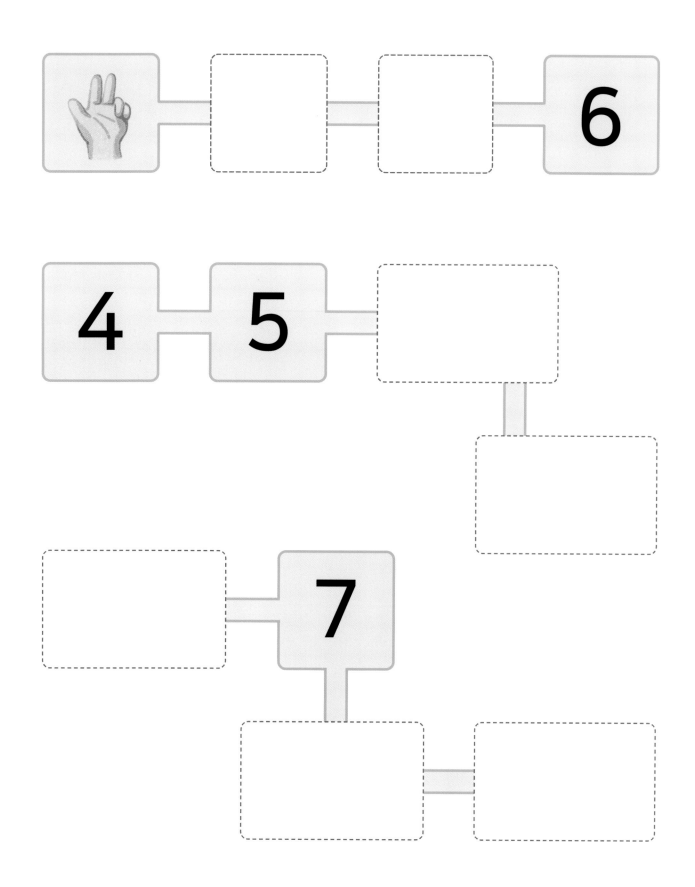

펼친 손가락 수 2

펼친 손가락 수와 같은 수를 선으로 이으세요.

1 **2** **3** **4** **5**

6 **7** **8** **9** **10**

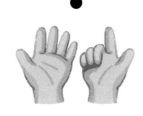  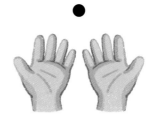 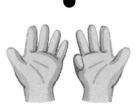

펼친 손가락 수와 같은 수를 선으로 이으세요.

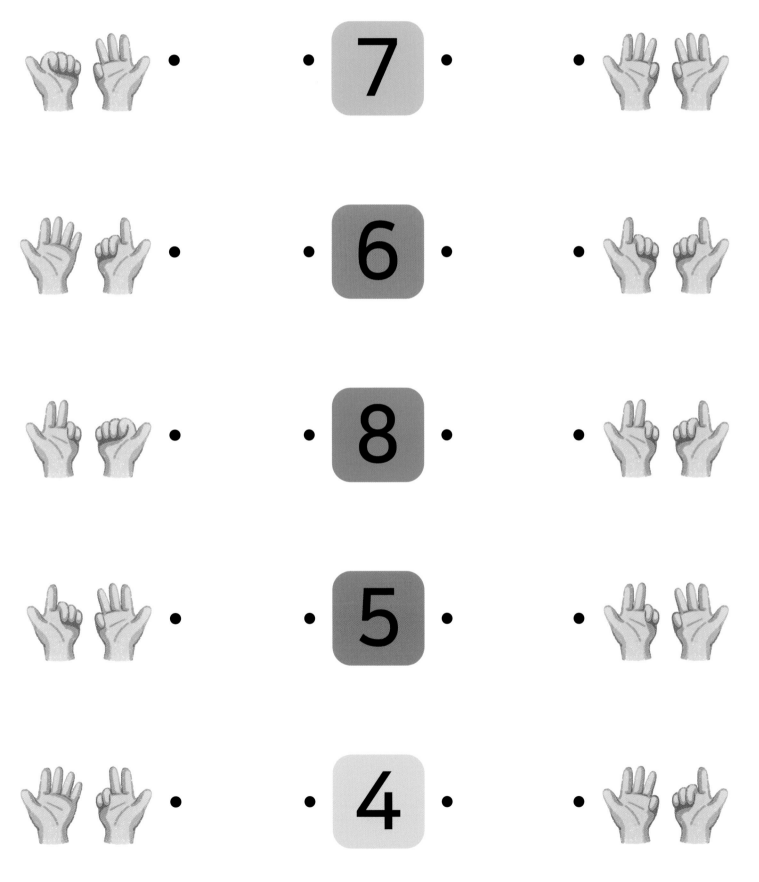

손가락 수로 개수 나타내기

꽃잎의 수를 보고 손가락 붙임 딱지를 알맞게 붙이세요. 한두번딱지

손가락 수를 보고 꽃잎 붙임 딱지를 알맞게 붙이세요. 한두번딱지

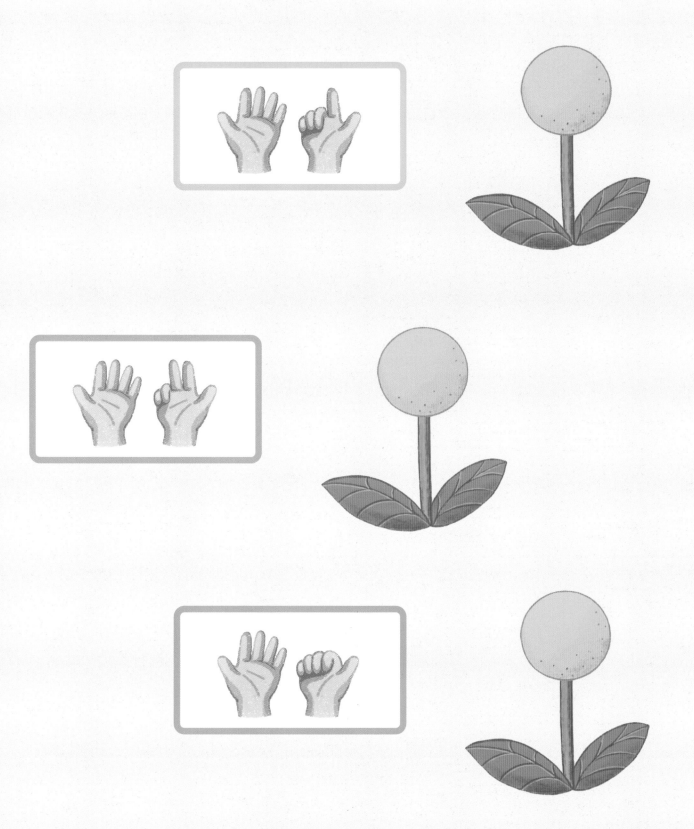

꽃잎의 수를 보고 손가락 붙임 딱지를 알맞게 붙이세요. 계속딱지

손가락 수를 보고 꽃잎 붙임 딱지를 알맞게 붙이세요. 계속딱지

꽃잎 붙임 딱지를 붙이거나 손가락 붙임 딱지를 붙여서 문제를 만들어 주세요.

26쪽

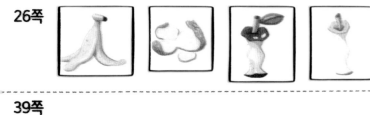

39쪽

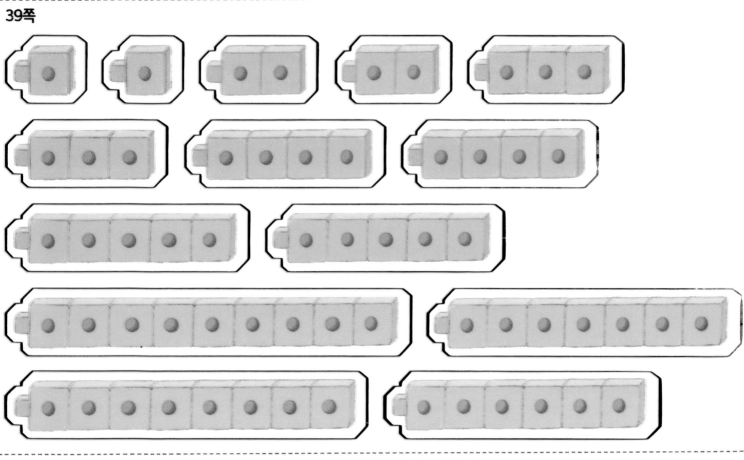

48쪽

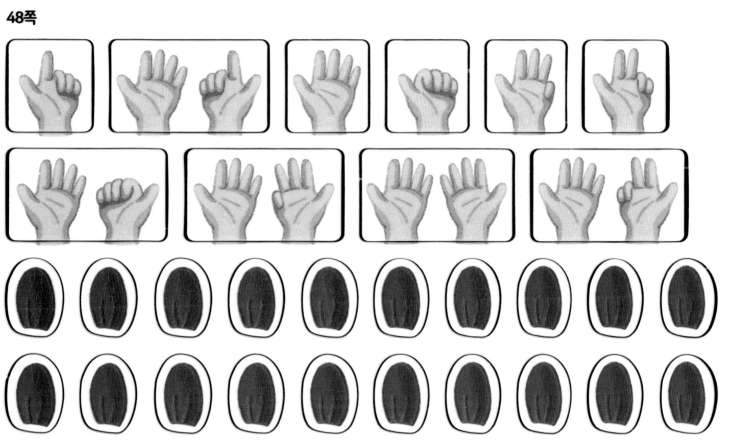

9쪽

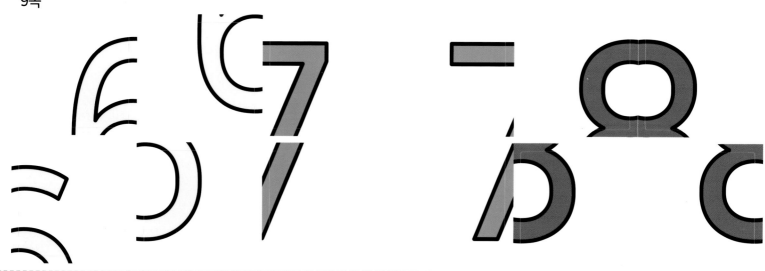

14쪽

18, 19쪽

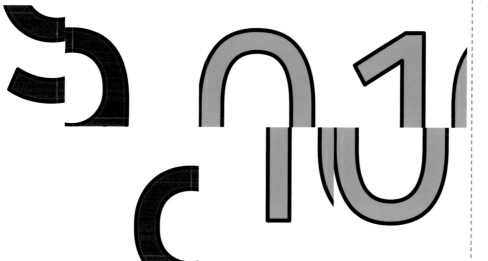

7

8

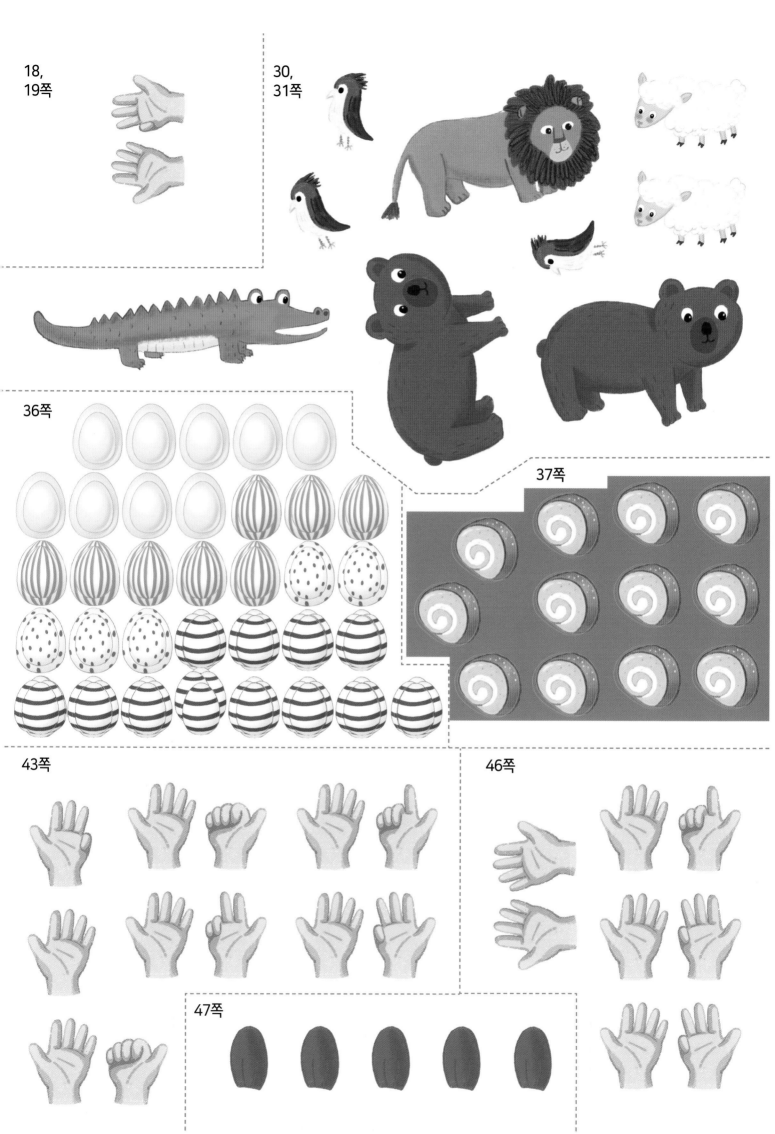

18,
19쪽

30,
31쪽

36쪽

37쪽

43쪽

46쪽

47쪽

다섯째	아홉째	넷째	열째
5	9	4	10

아홉째	넷째	여덟째	다섯째
9	4	8	5

여덟째	셋째	여섯째	둘째	일곱째
8	3	6	2	7

일곱째	셋째	열째	둘째	여섯째
7	3	10	2	6